ÉLIE CABROL

VIADUC DE L'ADY

NOTICE ET DESCRIPTION

AVEC

UNE HÉLIOGRAVURE ET DES DESSINS DANS LE TEXTE

A PARIS

DE L'IMPRIMERIE DE D. JOUAUST

Rue de Lille, 7

M DCCC XCI

VIADUC DE L'ADY

VIADUC DE L'ADY

ÉLIE CABROL

VIADUC DE L'ADY

NOTICE ET DESCRIPTION

AVEC

UNE HÉLIOGRAVURE ET DES DESSINS DANS LE TEXTE

A PARIS

DE L'IMPRIMERIE DE D. JOUAUST

Rue de Lille, 7

M DCCC XCI

NOTICE

Tous les travaux que le créateur des usines de la Forézie et de Decazeville exécuta dans l'Aveyron depuis 1827 jusqu'en 1860 ont été souvent
décrits.

M. Pillet-Will est le premier qui, dans une édition de très grand
luxe publiée en 1832, fit connaître au monde savant ces nouvelles usines.

Il n'y avait en France, en 1824, que des forges au bois; il n'exis-
tait pas de hauts-fourneaux au combustible minéral.

L'Angleterre seule en possédait. On ne se rendait alors qu'imparfai-
tement compte en France du grand rôle que le fer allait être appelé à
jouer, et la production des forges au bois suffisait à la consommation.
Cependant cette production était si faible que la production collective de
la fonte au coke dans certaines usines du seul pays de Galles dépassait la
production totale des fontes au charbon de bois dans les forges françaises!

M. Cabrol, alors jeune capitaine d'artillerie, ayant été en Angleterre
étudier la nouvelle industrie métallurgique avec la pensée de l'importer
sur le continent, trouva chez M. le duc Decazes, en ce moment ambassadeur de France, les mêmes idées et les mêmes préoccupations. Elles
étaient d'autant plus naturelles chez le duc qu'il venait de se rendre
acquéreur dans l'Aveyron de certaines concessions, telles que celles de
Firmy, de la Salle, etc., etc.

Ces deux hommes avaient donc compris en même temps qu'une des
principales causes de la prospérité de l'Angleterre était due à la substi-
tution de la houille au charbon de bois dans la fabrication de la fonte.

L'ambassadeur et le capitaine d'artillerie s'entendirent vite, et on
peut dire que ce fut à Londres que la création d'une grande usine dans
l'Aveyron fut décidée.

L'année suivante la compagnie fondatrice, constituée sous le nom de
Compagnie anonyme des Houllères et Fonderies de l'Aveyron, fut autorisée;
et ses statuts, contenus dans l'acte passé les 16 et 17 juin 1826, par-
devant Du Bois et son collègue, notaires à Paris, furent approuvés le
28 juin 1826, par une ordonnance royale donnée au château de Saint-Cloud.

MM. Decazes et Cabrol sont donc incontestablement les premiers et
principaux importateurs en France de cette nouvelle sidérurgie au charbon
minéral qui, en révolutionnant l'industrie, devait être dans l'Aveyron une
source de richesse et prendre un si grand développement.

Certes, au début, les critiques ne manquèrent pas. On contestait la *possibilité, — l'utilité même! — de détrôner les forges au bois; aussi la première coulée d'un haut-fourneau de la Forézie, en décembre 1828, fut-elle un événement scientifique et industriel[1]. Tout ceci ressort clairement du livre de M. Pillet-Will et des publications du temps.*

Les statuts avaient prévu l'avenir; ils disaient :

La Société fera d'abord construire deux hauts-fourneaux et successivement six autres, après que les premiers seront en plein roulement et donneront des résultats satisfaisants.

Ce grand problème de la fonte au coke en France venant d'être résolu à la Forézie, il n'y avait plus qu'à aller de l'avant, et les membres de la Société, par un acte additionnel du 7 février 1829, décidèrent :

Considérant que le capital social n'a été fixé au moment de la formation de la Société qu'à dix-huit-cent mille francs, parce que les ressources en minerai de fer n'ayant pas encore été suffisamment appréciées, ils ne savaient pas si les exploitations comporteraient l'importance, etc.

Pleinement rassurés aujourd'hui sur les ressources en minerai de fer, les nouvelles découvertes mises à jour, jointes aux nouvelles concessions obtenues, ayant dissipé toutes inquiétudes à cet égard, convaincus du succès de l'entreprise par les produits satisfaisants obtenus d'un seul des deux fourneaux d'essai, ils ont décidé de donner à ladite Société le développement projeté; en conséquence, de doubler le capital social en doublant le nombre des actions. Ce redoublement de capital sera représenté par six cents actions de trois mille francs chacune qui vont être émises.

Etc., etc.

Il nous semble qu'il y a quelque intérêt à faire connaître les noms de ces premiers actionnaires de Decazeville.

Ils n'étaient pas nombreux :

MM. le duc Decazes.
     Humann.
     le comte d'Argout.
     Dutaillis.
     Milleret.
     André Cottier.
     Pillet-Will.
     Moulard.
     le comte de Saint-Aulaire.
     le comte de La Villegontier.
     le comte de Germiny.
     le marquis de Semonville.

MM. Le Vaillant.
     François Cabrol.
     André fils.
     Baudelot.
     Séjourné.
     Soulié.
     Milhet.
     le baron Neigre.
     le comte d'Arros.
     de Bonald.
     Vanderhœven.
     Robert Cabrol[1].

Toutes ces décisions prises, M. Cabrol fit approuver par son conseil d'administration, en janvier 1830, la construction d'une grande forge située dans de meilleures conditions que la Forézie, et en tout semblable aux forges anglaises. Ses plans, qu'il exécuta seul, ayant été acceptés, il fit choix comme emplacement de la vallée de la Salle et se mit à l'œuvre.

Tout cet ensemble de bâtiments, qui s'étend sur un alignement d'environ 700 mètres depuis les hauts-fourneaux jusqu'à la maison de la

---

1. Détail assez curieux, ce haut-fourneau fut prêt à couler dans la nuit de Noël, et ce fut après la messe de minuit que M. Cabrol et les habitants de Firmy allèrent assister à cette première coulée.

---

1. M. Robert Cabrol et M. Auguste Cabrol, qui ne tardait pas lui-même à devenir actionnaire, étaient les frères de M. Cabrol. Enfin, en mai 1832, le capital fut définitivement porté à 7,200,000 francs; le nombre des actionnaires s'accrut un peu, et prirent alors part à l'affaire MM. Victor Cousin, Royer-Collard, Rothschild, Cibiel, Auguste Cabrol...

Nous ne pouvons qu'indiquer très sommairement ces modifications, sans entrer dans des détails qui nous mèneraient trop loin.

Disons cependant qu'en 1826 le duc Decazes donnait à la Société pleine et entière jouissance, pendant 50 ans, des houillères et mines qu'il possédait, en échange d'actions spéciales;

Qu'en 1829, par suite du doublement du capital, cette jouissance fut étendue à 99 ans;

Et qu'en 1832 le duc dut faire la cession complète de ses propriétés, en vertu de nouvelles stipulations librement consenties.

direction, fut construit d'un jet en dix-huit mois, et en 1832 les forges et les hauts-fourneaux entraient en pleine activité!...

Decazeville était fondé[1], et, dès ce moment même, cité comme l'une des usines les plus complètes et les plus importantes du continent.

M. Cabrol s'était trouvé ici dans une contrée montagneuse, pour ainsi dire sans habitants, sans ressources, sans communications. Ce ne fut pas chose aisée que de tout y mettre en mouvement. Avec son matériel si complexe, ses énormes machines achetées en Angleterre, qui n'avaient pu passer qu'à grand'peine par la seule route existant alors, celle de Villefranche, entouré d'un personnel composé de forgerons et de mécaniciens anglais, de briquetiers belges, en un mot de tous les éléments, — hommes et choses, — de l'industrie à créer, il avait en maître pris possession de la vallée déserte. Cette invasion, en troublant leur solitude, ne laissa pas d'abord que de causer quelque émoi aux pauvres et rares paysans des environs, qui ne pouvaient naturellement pas, dès les premier jours, se rendre compte qu'il venait leur apporter la vie et la prospérité.

« Il a fallu trouver, a dit M. Pillet-Will, dans une seule personne une réunion de connaissances et de qualités qui ne se rencontrent guère que dans plusieurs. Il a fallu être du pays, parler la langue du pays; il fallait une énergie extrême, une activité infatigable, une santé robuste, et l'ambition d'attacher son nom à une grande entreprise; il fallait enfin avoir une fortune acquise et l'y engager en partie... »

---

1. On ne voulut pas conserver à la ville naissante le nom de La Salle, qu'elle porta un moment, et, après bien des discussions, on se rangea à l'avis de M. Cabrol, qui conseilla de la baptiser du nom du plus haut personnage de la Société. Et cependant il n'est pas rare d'entendre encore aujourd'hui les gens du pays persister à l'appeler *Lo Sálla*, suivant la prononciation patoise.

C'est surtout à partir de 1840 que Decazeville prit son essor le plus grand. Les moyens de production furent triplés par la mise en train des forges nouvelles et par la création d'ateliers auxiliaires, fonderies, etc. Captivant alors l'attention du monde industriel, il resta incontestablement pendant dix-huit ans à la tête des grandes forges françaises par l'ensemble de ses usines, par les prix de revient et par les bénéfices[1]. En effet, pendant cette seule période les bénéfices s'élevèrent à 16 millions environ.

Seul, le viaduc de l'Ady, la dernière œuvre importante de M. Cabrol, n'a été l'objet d'aucune étude. Un moment il songea cependant à faire lui-même la critique de cette construction de pierre et de fer, mais il ne donna pas suite à ce projet, obéissant à une réserve qui surprendrait chez un homme dont l'énergie est restée légendaire, si l'on ne savait pas qu'il ne chercha jamais à attirer l'attention sur lui. Tous les documents relatifs à ce viaduc, plans ou esquisses, sont en notre possession. Mais dernièrement nous avons fait hommage à la Société des sciences, lettres et arts de l'Aveyron, d'un très beau lavis en couleur représentant le plan définitif du viaduc, et de dessins des détails exécutés par M. Cabrol.

Dans ces quelques pages, nous allons plus loin. Ce que M. Cabrol n'a point voulu faire, nous osons l'entreprendre. Nous savons quelle est notre incompétence, et peut-être nous excusera-t-on si l'on consent à ne voir dans cette étude que l'hommage d'un fils à un père!

Septembre 1891.

---

1. Ce serait aussi le cas de citer la description de Decazeville par notre compatriote M. Oustry dans sa *Notice historique et descriptive du chemin de fer de Montauban à Rodez*, 1859.

VIADUC DE L'ADY

L'introduction du minerai de Mondalazac dans les dosages des fontes pour rails et son emploi pour la fabrication des fers de qualité, reconnu à ce point avantageux qu'on avait renoncé aux fontes aux bois du Périgord, imposaient la nécessité de se le procurer en grande quantité et à bon marché. On ne le transportait alors que par charrettes; il fallait à tout prix modifier cette situation.

M. Cabrol entreprit donc de construire un chemin de fer à voie étroite, qui de Firmy irait d'abord jusqu'à Marcillac et plus tard monterait à Mondalazac.

Aussitôt adopté, ce projet fut mis à exécution.

C'est sur cette ligne que se trouve le viaduc dont nous allons nous occuper. Il est situé à la partie la plus étroite de la vallée et franchit la route de Marcillac et le ruisseau de l'Ady. M. Cabrol eut vite conçu son projet. Ses premières esquisses ne diffèrent pas sensiblement du plan définitif que possède maintenant la Société des sciences, lettres et arts, de l'Aveyron. Non seulement il dessinait les plans de tous les travaux qu'il faisait exécuter, mais il en étudiait lui-même les détails et les sous-détails. Sa conscience scrupuleuse était servie, il faut l'avouer, par une étonnante facilité de travail.

A vrai dire, ce viaduc ne se compose que d'une grande arche en fer. Sa poussée normale s'opère non sur les culées, mais sur des arcs en pierre ayant leurs naissances aux roches des fondations. Les culées ne supportent donc rien; elles masquent les arcs en pierres sur lesquels s'appuient les retombées de l'arche.

Pour ne pas monter des murs pleins, et par une coquetterie d'artiste qui se comprend, M. Cabrol donna aux culées l'apparence de tours rondes ou carrées et les couronna, non de vulgaires parapets, mais de faux créneaux.

La forme de cette architecture est heureuse et s'harmonise on ne peut mieux avec le paysage. Comme on s'étonna d'un pareil luxe de construction, M. Cabrol prouva que le cube de pierre employé n'était guère plus important que s'il avait élevé des murs droits.

Dans le pays ce fut un événement; on venait en foule voir construire ce *château fort*, qui paraît beaucoup plus important qu'il ne l'est en réalité, — ce qui est un mérite, — et la voix publique (on était alors sous l'impression de nos gloires de Crimée) le baptisa du nom de Pont Malakoff.

La route passe dans la culée de la rive gauche, le ruisseau sous la grande arche en fer, et le niveau des rails est à 21^{m}75 au-dessus du ruisseau.

Enfin, trois arches ogivales relient les culées aux flancs des montagnes.

Cet ensemble se développe sur une longueur de 155 mètres.

Toute cette maçonnerie, qui impressionne tant le public, ne se composant que d'assises régulières, n'arrête pas beaucoup l'homme de l'art.

M. Scudier en surveilla l'exécution. M. Cabrol lui avait déjà confié le tracé et la construction de la ligne, et, en s'acquittant de cette tâche, il avait fait preuve non seulement de talent, mais aussi de la plus grande habileté dans les négociations avec les propriétaires dont on traversait les terrains.

Le grand intérêt n'est donc pas là. Il réside bien plus dans cette arche essentiellement dilatable, puisqu'elle est en fer, et sur laquelle M. Cabrol osa édifier une maçonnerie rigide.

En poursuivant ce problème il espérait arriver à une grande économie; il ne se trompa point. Les ogives croisées remplissant les tympans, les têtes en pierre taillée, l'intérieur en briques, le couronnement en pierre, etc... coûtèrent meilleur marché que n'importe quel assemblage de fer ou de fonte. Et quant à l'effet produit, n'est-on pas unanime à trouver que rien n'est plus gracieux et original que cette légère construction de briques et de pierres? Nous verrons tout à l'heure par quel procédé spécial elle est reliée à l'extrados de l'arche.

M. Cabrol n'entreprit pas sans de longues réflexions ce grand travail; et avant tout il voulut étudier les effets de la dilatation du fer dans les conditions où il se plaçait.

En conséquence, il fit monter à Decazeville un petit arc en tôle, réduction au huitième de l'arche qu'il se proposait de construire. A la clé de cet arc on fixa une règle qui descendait perpendiculairement s'adapter, à angle droit, à l'extrémité d'une flèche en fer de trois mètres de long pivotant autour d'un point fixe. Rien de plus simple. On conçoit que le moindre mouvement de l'arc à son sommet, amplifié par la longueur de la flèche, était rendu sensible à l'œil. C'est au point que la contraction produite par l'ombre portée d'un nuage passant sur l'appareil était indiquée à l'instant même par le déplacement de la pointe de la flèche. Imagine-t-on un pareil thermomètre!

Pendant un an, — de novembre 1852 à octobre 1853, — M. Cabrol entreprit une longue série d'observations à toutes les heures et par toutes les températures. Nous possédons les tables qu'il en dressa lui-même.

Nous croyons inutile de les donner ici.

Et après s'être rendu compte par leur comparaison de ce que serait la dilatation de la grande arche qu'il méditait, il put en tracer l'épure et en ordonner, en parfaite connaissance de cause, l'exécution dans les ateliers de Decazeville, à la tête desquels il avait placé MM. Roche père et fils.

DESCRIPTION DE LA GRANDE ARCHE

Cette arche se compose de quatre courbes conjuguées en tôle de 44 mètres de corde, ayant 4ᵐ025 de flèche à l'intrados, et 62ᵐ37 de rayon.

Les courbes sont formées d'une tôle verticale de 0ᵐ02 d'épaisseur, ayant à la clé 0ᵐ70 de hauteur et aux retombées 1ᵐ10;

Sur les courbes est placé un plancher formé par des rails Barlow de 4ᵐ22, faisant saillie aux courbes de 0ᵐ06[1];

Ces rails, sur lesquels porte à merveille la maçonnerie des tympans, sont distants l'un de l'autre de 0ᵐ55 mesurés horizontalement sur la corde, et correspondent de deux en deux aux pieds-droits des ogives[2];

Ces rails sont fixés sur chacune des quatre courbes par 4 rivets de 0ᵐ026, en tout 16 rivets par rail;

Ce rivet prend en même temps l'aile du rail, les deux plates-bandes supérieures et une cale de fer destinée à faire porter le rail, dont les ailes cintrées ne pourraient permettre au rivet de porter sans casser.

L'écartement des courbes est maintenu dans la longueur du pont

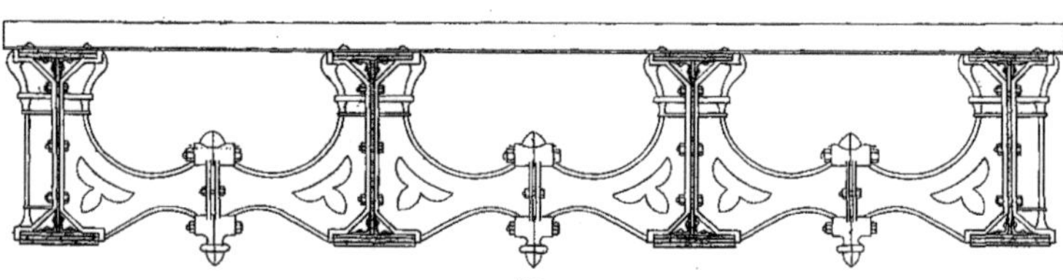

Fig. 1.

Deux cornières opposées en haut et en bas; en haut, deux plates-bandes de 0ᵐ32 de large et 0ᵐ016 d'épaisseur, en tout 0ᵐ032;

En bas, trois plates-bandes également de 0,032 de large et 0ᵐ016 d'épaisseur, en tout 0ᵐ048;

Les joints de tôle recouverts par des tôles de 0ᵐ40 de large ayant toute la hauteur du joint, et les joints des cornières recouverts également par un couvre-joint;

Les courbes sont écartées l'une de l'autre d'axe en axe de 1ᵐ26;

par 18 entretoises de fonte, en deux morceaux boulonnés deux à deux à travers la tôle, à une distance d'environ 2ᵐ56 l'une de l'autre : fig. 1.

---

1. Le rail Barlow, du nom de son inventeur, se composait d'un seul champignon et de deux ailes très ouvertes et très étendues. Il reposait directement sur le sol, la traverse en bois étant supprimée. Un instant en vogue, il ne tint pas tout ce qu'on en attendait, et on y renonça promptement.

D'une exécution très difficile, Decazeville fut peut-être la seule usine de France qui l'exécuta couramment, grâce à un puissant train de laminoirs inventé par M. Cabrol, — dont les plans ont été publiés, — et qui lui valut une grande médaille à l'Exposition de 1855.

2. Cette disposition a été empruntée ici pour asseoir le tablier du grand pont en fer de la place de l'Hôtel de Ville de Paris.

2

Deux plaques de fonte ou sabots de retombée placées suivant un rayon à l'arc moyen réunissent les courbes à leurs extrémités ; les courbes entrent dans des loges de 0°16 de profondeur épousant leurs formes avec un vide à l'entour de 0°025 rempli par des cales de fer et du mastic de limaille ; deux clavettes horizontales traversent à chaque courbe la fonte et la tôle pour maintenir le sabot et pour empêcher la séparation pendant le montage : fig. 2 ;

ASSEMBLAGE ET MONTAGE DES COURBES
ENLEVAGE ET MISE EN PLACE DE L'ARCHE

Pendant un de ses voyages en Angleterre M. Cabrol avait beaucoup admiré les procédés employés par les ingénieurs anglais pour

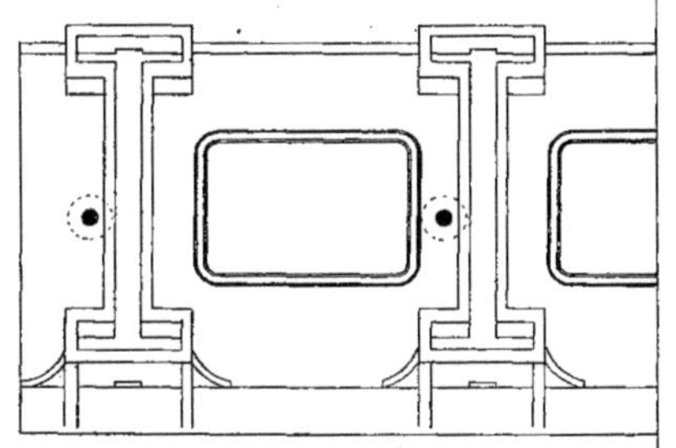

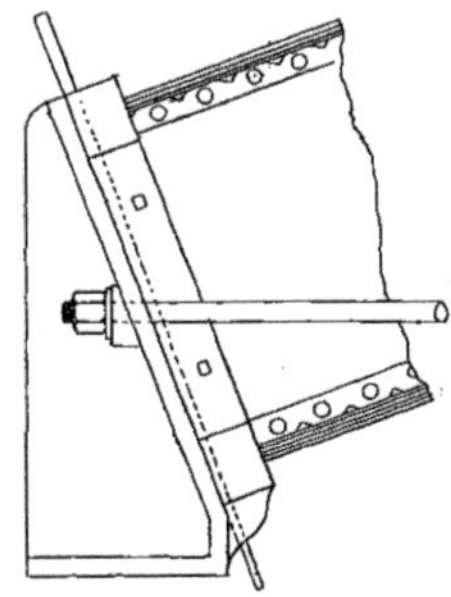

Fig. 2.

Et quatre tirants de 0°05 de diamètre s'opposeront également à l'allongement des courbes pendant le montage.

Afin que ces courbes fussent plus facilement transportables, on les exécuta de façon à pouvoir les démonter en trois parties.

l'assemblage des tubes qui constituent le fameux pont de Britannia et leur enlevage.

Aussi, dans cette circonstance, loin de chercher à rien innover, sauf pour quelques détails, eut-il recours à ces mêmes procédés pour l'enlevage de sa grande arche et sa mise en place.

Dispositions générales. — Les courbes étant terminées ont été transportées par tronçons sur la rive gauche de l'Ady.

L'emplacement du viaduc est à 17 kilomètres de Decazeville.

Les arcs en pierre, ayant leurs naissances aux rochers, et sur lesquels doit s'opérer la poussée normale de l'arche, sont construits;

Les culées en maçonnerie et les tours rondes et carrées sont élevées;

Mais M. Scudier avait reçu l'ordre de laisser les parements des culées en ayant des tours en arrachements.

Pour le moment on bâtit en entier les deux premières assises de ces parements, et au-dessus on élève trois assises suivant l'appareil indiqué ici : fig. 3. .

C'est sur ces trois assises, que nous appellerons des quilles, que reposeront les sabots de retombée de la grande arche, et entre lesquelles seront placés trois vérins dont on va voir tout à l'heure le fonctionnement.

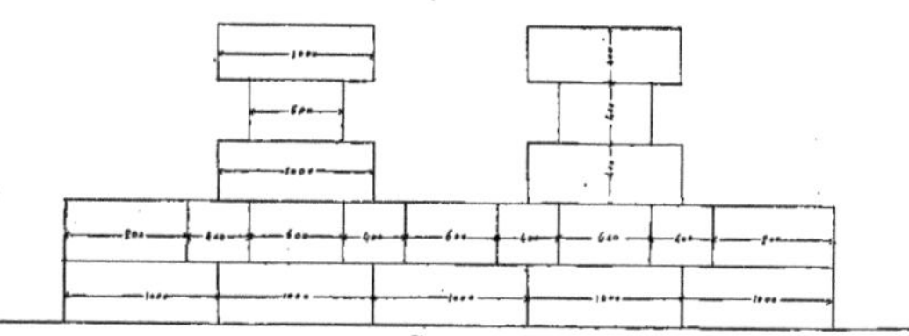

Fig. 3.

Ces parements, composés de pierres de taille de 0ᵐ40 de hauteur, — leur longueur variant comme on va s'en rendre compte d'après la figure 3, — ne devaient être élevés qu'au fur et à mesure de l'enlevage de la grande arche.

Montage des courbes. — On procède aussitôt au montage des courbes sur un échafaudage intermédiaire aux culées, construit en bois de sapin et reposant sur cinq petites piles en maçonnerie : fig. 4.

On ajuste d'abord les extrémités des courbes du côté de la rive

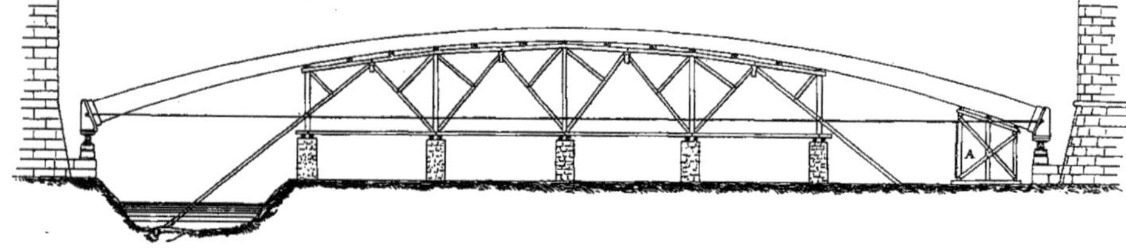

Fig. 4.

droite dans le sabot de retombée, et l'on poursuit le montage en avançant vers la rive gauche. Ici, en A, un échafaudage secondaire supporte de ce côté les extrémités des courbes pendant que leur sabot, mis en arrière, attend l'achèvement du montage. Ce montage terminé, le sabot est rapproché et les extrémités des courbes supportées dans les mêmes conditions que sur la rive droite, l'échafaudage secondaire est alors supprimé.

Assemblage des courbes. — Nous avons dit que les courbes devaient être assemblées à la partie supérieure par des rails Barlow formant plancher, — et à la partie inférieure par des entretoises.

C'est à ce moment que l'on place et ces entretoises et ces rails.

Les rails sont percés au moyen de machines à percer à engrenage et manœuvrées chacune par deux hommes. Ils percent environ de 36 à 40 trous par 12 heures, et une escouade de 2 riveurs et de 2 manœuvres rivent 40 rivets par 12 heures : fig. 5.

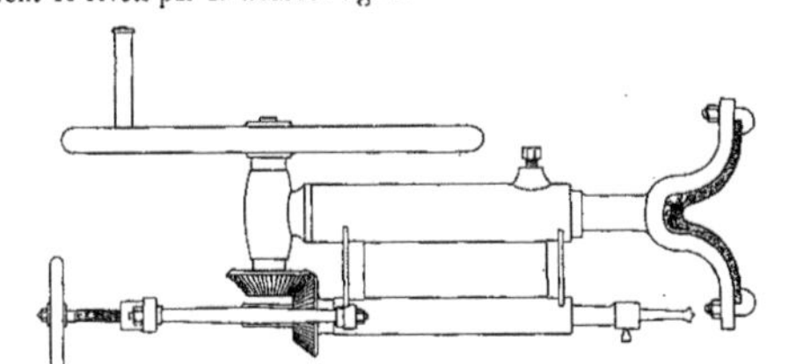

Fig. 5.

Enfin les quatre tirants, faisant corde, sont pris d'un sabot à l'autre pour s'opposer à l'écartement pendant l'enlevage.

Enlevage et mise en place de l'arche. — Les quatre courbes étant conjuguées, la grande arche est constituée. A la hauteur où elle est, il

ne s'agit plus maintenant que de l'élever de 28 assises de pierre de 0"40 ou de 11"20.

M. Roche fils, qui a contribué avec M. Roche père à la confection des courbes dans les ateliers de Decazeville, qui vient de présider ici à leur assemblage, va diriger cette dernière opération.

Voici d'abord les poids de la masse :

4 courbes de tôle.	56,000 kilog.
81 rails Barlow de 4"22	15,381 »
18 séries d'entretoises de fonte.	14,400 »
2 sabots de retombée.	12,000 »
4 tirants de fer de 0"50.	2,800 »
	100,581 kilog.

Plus deux échafaudages, deux grues, deux treuils, dont on va voir l'emploi, soit environ cent six mille kilogrammes qui vont être enlevés par 12 hommes, actionnant 6 vérins dont voici les dimensions :

Le diamètre moyen des vis de 0"13 ;

Le pas de vis, 0"02 ;

Longueur des barres de manœuvre, 2 mètres ;

Poids à enlever par vérin de 17,660 kilog. ;

Effort au bout de la barre, environ 59 kilog.

Le vérin a son écrou en cuivre tourné. Extérieurement en gradins, il s'emboîte dans une pièce de fonte alésée également en gradins.

L'ensemble est fixé dans une pièce de bois debout et cerclée.

Le dessus et le dessous du bois ont été tournés ; le trou alésé sert de guide à la vis jusque dans le bas ; la boîte de fonte enfoncée sous le marteau-pilon pose également au fond de l'entaille, ainsi que son épaulement supérieur.

Chaque vérin pèse 500 kilog. : fig. 6.

Le 7 *juin* 1856, trois vérins sont placés à chaque extrémité de l'arche, l'appareil des assises de taille étant ainsi disposé : fig. 7.

Douze hommes, — deux par vérin, — enlèvent l'arche de 0ᵐ03, et on la laisse dans cette situation en observation pendant trois jours.

comme l'indique la figure 8, et d'autres précautions plus minutieuses que nous passons sous silence sont également prises.

Enfin, pour constater la bonne marche de l'opération et apprécier tous les mouvements, on place en permanence des plombs aux extré-

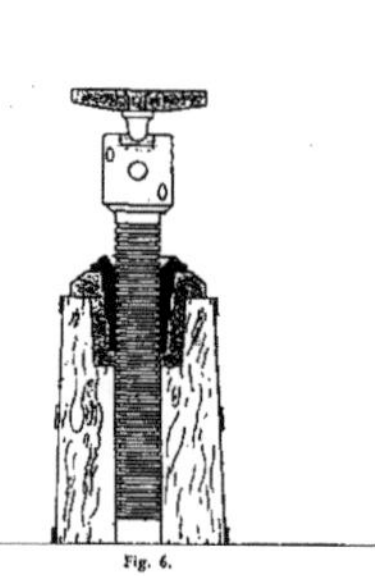

Fig. 6.

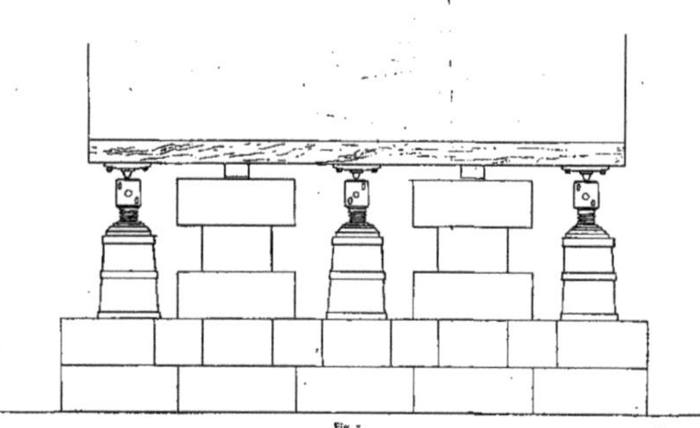

Fig. 7.

A l'inspection de cette figure on doit comprendre que la masse entière étant placée au-dessus des points de suspension, le moindre dérangement dans les assises ou dans les vérins risquait d'amener des mouvements latéraux et, sans mettre tout en danger, pouvait au moins compromettre l'opération.

Pour parer à ces inconvénients on est conduit à placer verticalement des pièces de bois derrière les sabots très solidement fixés aux arrachements par des crampons de fer et maçonnés dans le sens opposé à la poussée.

Des guides en bois, en arc de cercle, sont attachés aux sabots

mités avec des alidades sur le soubassement des culées et des niveaux à bulle d'air sur les sabots de retombée.

Un plomb est également pendu à la clé de l'arche pour permettre de voir les mouvements latéraux, mais, à cette hauteur et en plein air, il est d'une faible utilité.

A chaque extrémité de l'arche, et montant avec elle, est suspendu un petit échafaudage pour l'enlèvement des hommes, et au milieu de l'arche deux treuils actionnant une grue vont servir à monter les pierres d'assises et à la manœuvre des vérins : fig. 9.

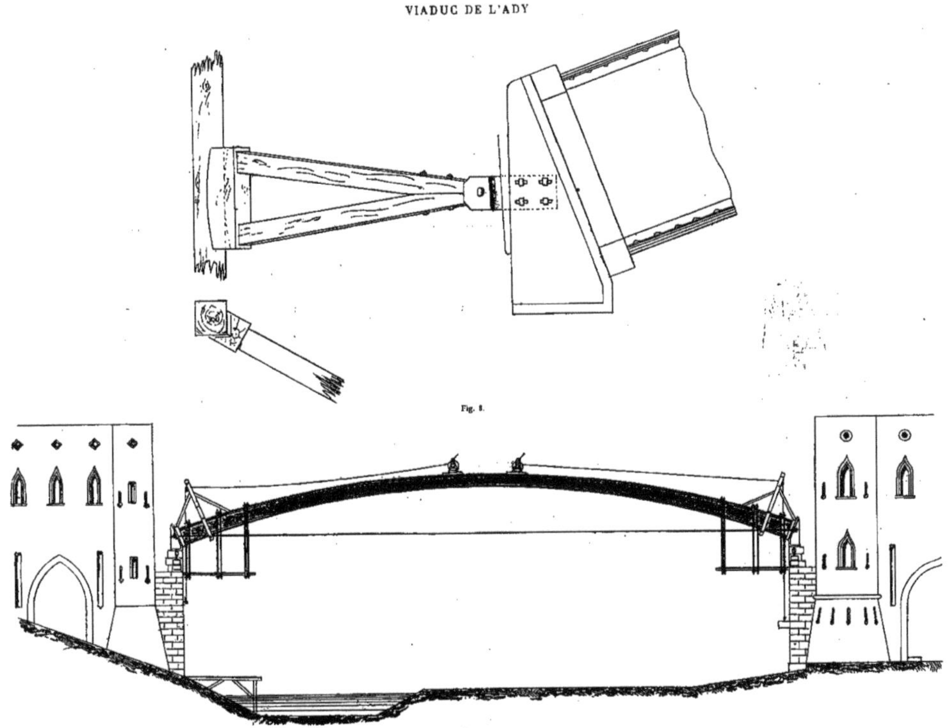

Fig. 8.

Fig. 9.

Revenons maintenant à l'arche que nous avons laissée en observation depuis trois jours et élevée de 0^m03. Que s'est-il passé?

Seuls les tirants se sont allongés de 0^m001 ¹/₂, mouvement insignifiant qui permet de poursuivre sans crainte l'opération.

Il n'entre pas dans notre cadre de la décrire dans tous ses détails, nous allons simplement rendre compte de ses phases principales.

M. Cabrol avait donné l'ordre à M. Roche de noter jour par jour, heure par heure même, tous les incidents qui se produiraient, et, avec un zèle extrême, M. Roche écrivit un journal très complet, très instructif, que nous avons sous les yeux et auquel nous avons recours.

10 juin. — Le 10 juin au matin, deux hommes placés à chaque vérin, à un signal donné, agissant sur les barres avec une pression aussi égale que possible, enlèvent l'arche et tout son attirail de 0^m40. L'ascension dure deux heures environ.

Le signal a été donné par un contre-maître placé à

terre, de manière à bien voir ses hommes sur les échafaudages. L'enlevage a été à très peu près égal.

Les dénivellements constatés par les niveaux à bulle d'air sont immédiatement corrigés par des mouvements complémentaires des vérins.

Mais pour faciliter l'introduction des pierres de taille sous les sabots de retombée, on soulève encore 0^m10, et on place aussitôt les pierres sur les deux quilles en attente, et ce vide de 0^m10 qui reste entre le dessus des pierres qui viennent d'être placées sur les quilles et le dessous des sabots de retombée est provisoirement rempli par deux cales de bois formées de deux coins opposés, comme on le voit indiqué fig. 10.

Afin que les coins portassent bien, on les avait placés sur un léger lit de mortier; le tassement qui se produisit fut sans importance.

Les vérins étant retirés, on compléta la troisième assise : fig. 11.

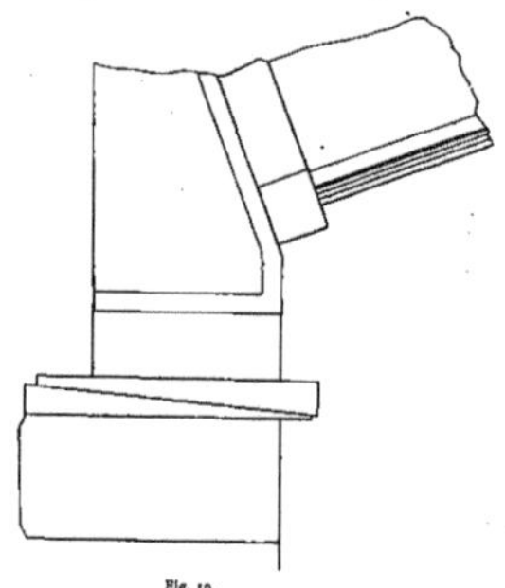

Fig. 10.

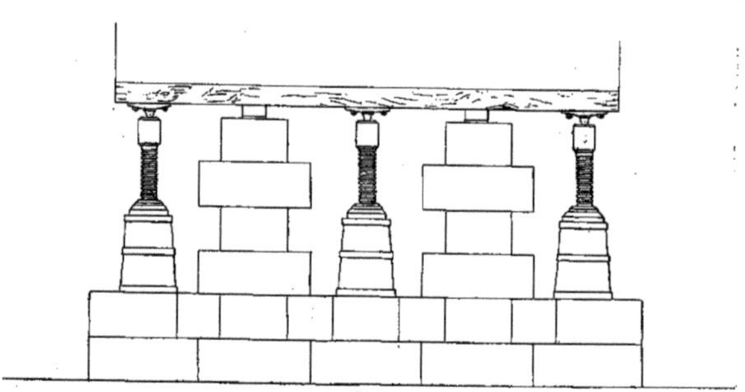

Fig. 11.

Les pierres, enlevées avec la plus grande facilité par les grues actionnées par les treuils placés, — on s'en souvient, — au sommet de l'arche, sont portées jusqu'à l'aplomb de leurs lits et lâchées en place au moyen de l'appareil appelé louve : fig. 12.

On sait qu'il suffit d'arracher avec une pince un des coins à talons pour que la louve sorte du trou creusé dans la pierre qu'elle enlève.

Ces diverses opérations ont pris la journée entière. Le soir, tout est prêt pour recommencer le lendemain.

N'oublions pas de mentionner que les quatre guides en bois en arc de cercle placés derrière les sabots ont été relevés de 0ᵐ40.

La troisième assise complétée, les vérins sont mis en place, après avoir été serrés : fig. 13.

11 juin. — Le 11 juin, seconde ascension. Tout se passe comme la veille. L'opération terminée, M. Cabrol recommande de remettre les vérins en place pendant la nuit. Un orage pourrait survenir et, sans qu'il dégénérât en ouragan, exercer dans cette étroite vallée un effort de 5 à 6,000 kilog. On verra tout à l'heure que cette précaution ne fut pas inutile.

Après ces deux enlevages les plombs n'indiquaient aucun mouvement horizontal.

12 juin. — Troisième ascension. Elle dure le même temps que les précédentes, peut-être un peu moins. Les vérins sont placés immédiatement sur la quatrième assise ainsi complétée : fig. 14.

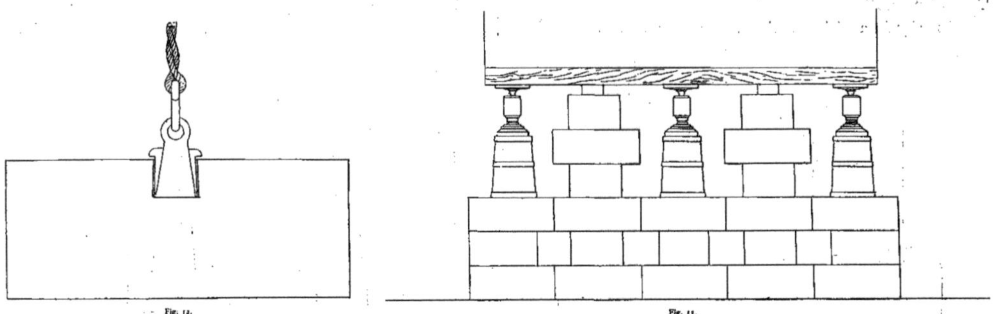

Fig. 12.   Fig. 13.

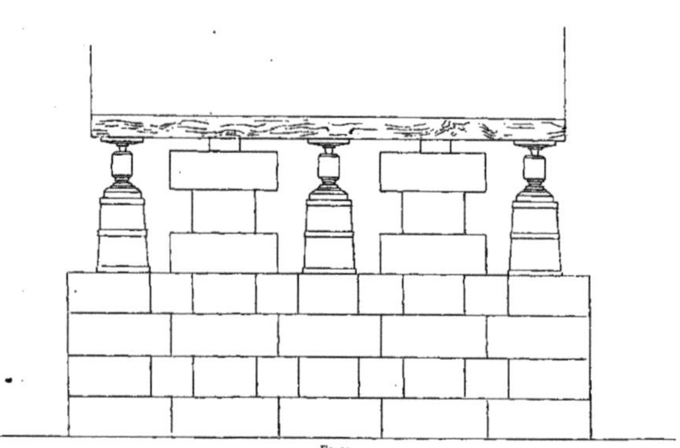

Fig. 14.

Nous ne suivrons pas jour par jour les opérations suivantes. Tout se passa sans arrêt, l'arche poursuivit son ascension lente, mais sûre, et le 9 juillet la dernière assise fut posée sous les sabots de retombée.

Il ne se produisit jusqu'à la fin de l'opération que des faits de peu d'importance, tels que des écrasements de pierre, des tassements inégaux de lits de parements, des mouvements latéraux de toute la masse qui s'étendirent jusqu'à 0^m005.

Au fur et à mesure qu'elles survenaient, ces légères irrégularités étaient rectifiées.

Le seul incident sérieux fut un coup de vent qui s'éleva le 24 juin, à sept heures du soir, et qui heureusement ne dura que quelques minutes. L'arche en fut sensiblement ébranlée. Dès ce moment on raidit, chaque soir, des haubans actionnés par deux treuils très fortement fixés au sol.

L'incident ne se renouvela pas.

Transport longitudinal de tout l'appareil lorsqu'il fut arrivé à hauteur. — Un mot d'un fait qui a son importance.

Soit que les arcs fussent trop courts, soit que les cales placées dans les sabots de retombée fussent trop minces, le sabot du côté gauche, présenté à sa place, surplombait le parement de sa pile de 0^m034.

Pour corriger cet écart, il était de toute nécessité de transporter longitudinalement vers la gauche tout l'appareil de la moitié de cette différence, soit de 0^m017.

Voici comment on s'y prit :

3

On enleva les deux vérins du milieu et l'on monta à leurs emplacements les assises jusqu'à 0"06 des sabots;

Les quatre vérins restés aux angles furent posés sur des bandes de fer de 0"06 de large sur 0"005 d'épaisseur, de telle sorte qu'il leur était facile, sinon de basculer, du moins de s'incliner dans le sens du mouvement à obtenir;

Du côté de la rive droite un des vérins enlevés fut placé horizonlalement, arc-bouté contre la maçonnerie;

Alors, les quatre vérins restés aux angles étant mis en mouvement

vont supporter la poussée normale, et sur lesquels doivent par conséquent reposer les sabots, avaient été laissés en arrière d'environ 3 mètres.

L'arche étant maintenant à hauteur, on les avance sous les sabots, en y laissant un vide en haut de 0"07 et en bas ee 0"05. Ce vide est rempli par dix cales coniques en fer, et entre les cales on fail pénétrer un peu plus tard du ciment de Vassy, moitié sable.

On procéda à ce calage au moment de la contraction maxima du fer, le 20 juillet, de trois heures du matin à neuf heures. Car, pendant le montage, on avait eu le soin d'observer le mouvement de dilata-

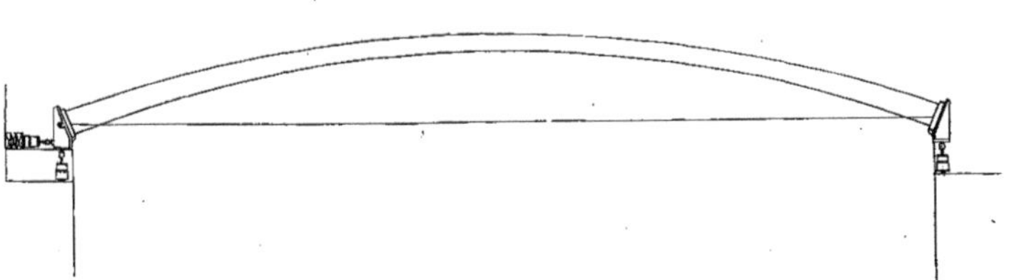

Fig. 15

et soulevant très légèrement l'arche, on fit agir par deux hommes le vérin horizontal, en même temps que les guides en bois et en arc de cercle de la rive gauche étaient lâchés progressivement et ceux de la rive droite serrés, — et en moins d'un quart d'heure, sans arrêt, sans hésitation, le transport longitudinal de tout l'appareil fut obtenu de la quantité exactement voulue!...

La saillie de chaque sabot sur les piles est maintenant la même : 0"017.

Jonction de l'arche et des arcs en pierre. — Ces arcs en pierre qui

tion de l'arche, qui variait suivant la température et qui s'étendit jusqu'à 0"01.

C'était l'allongement propre des tirants.

Ce même jour, à onze heures, on lâche les tirants, et l'arche s'affaisse à la clé de 0"007.

Tout est terminé, le succès est complet.

M. Cabrol eut à se louer hautement de son personnel à tous les degrés. Jamais MM. Roche et Scudier ne mirent plus de conscience et de dévouement à exécuter ses ordres que dans cette circonstance, et tous deux ne cessèrent de se prêter, pour leur tâche respective, un réciproque appui avec la plus franche cordialité.

Entrepreneurs, contre-maîtres, simples ouvriers, agirent de même. Chacun s'intéressait à *Malakoff* et y allait avec entrain. D'ailleurs les circonstances s'y prêtaient. A cette époque, le vallon, — comme on dit chez nous, — était encore très habité pendant la belle saison, et il ne se passait pas de jour que, de Valady, Cougousse, Marcillac, Conques, Saint-Cyprien, etc... et même de Rodez, il ne vint au moins une société déjeuner ou goûter sur l'herbe et voir monter le pont. On y dansa même. Les ouvriers étaient ravis de la curiosité qu'ils excitaient, et, malgré la consigne, trouvaient toujours moyen d'attraper quelque aubaine. Et dirai-je aussi que nos deux ingénieurs furent loin d'être indifférents aux compliments que leur adressèrent maintes fois les visiteuses qu'ils conduisaient sur les chantiers? A-t-on jamais monté un viaduc dans de telles conditions?

Tout cela fut charmant et gai... Mais que c'est déjà loin! Et depuis, que de disparus !

Cette part faite au pittoresque, disons un mot de l'économie du procédé.

Économie du procédé. — D'après ce qu'on a vu plus haut, on sait, — et nous y insistons, — que, tout en admirant l'œuvre de M. Cabrol, on s'étonnait de l'art dispendieux qu'il déployait dans une construction industrielle.

Cette critique le faisait sourire, car au fond elle était un éloge.

On se souvient sans doute de ce que nous avons dit au sujet du cube de la maçonnerie, — c'était une première réponse à cette critique;

— et ici, en terminant, contentons-nous de donner quelques chiffres très concluants, d'après les états officiels que nous avons sous les yeux.

L'assemblage des 4 courbes sur place demanda environ deux mois, soit soixante jours.

L'opération de l'enlevage dura du 10 juin au 20 juillet, c'est-à-dire 40 jours, soit 28 jours pour le montage de 28 assises, ou une assise par jour, — et 9 jours pour le raccordement de l'arche aux arcs en pierre, — non compris deux dimanches.

Donc, pour ces diverses opérations. 110 jours.

Nous le demandons, serait-il possible d'opérer sur un échafaudage l'assemblage d'un pareil pont à une hauteur de 18 mètres en aussi peu de temps?

Et quant aux prix :

Le prix pour chaque enlevage et la maçonnerie d'une assise fut de 29 fr. 70 [1].

Chiffre à multiplier par 28, nombre des assises.

$29{,}70 \times 28 =$	831 fr.	60
Un échafaudage de six mètres . . .	2,400 fr.	»
Amortissement de six vérins coûtant 3,600 francs, dont le dixième . . .	360 fr.	»
A reporter. . . .	3,591 fr.	60

1. Il ne faut compter, bien entendu, que le temps passé par les ouvriers à l'enlèvement de l'arche et à la pose des assises; ainsi les 12 manœuvres ne passaient que 2 heures environ aux vérins, — les maçons et leurs aides qu'une demi-journée à la pose des assises. On les occupait le reste du temps à d'autres travaux sur les chantiers.

A chaque extrémité, 4 poseurs à 2 francs la demi-journée	8 fr.	»
Leurs aides à 1 fr. 50 la demi-journée	6	»
24 heures de manœuvres à 0 fr. 30.	7	20
Journée entière d'un charpentier	5	50
Journée entière de son aide	3	»
	29 fr.	70

Report. . .	3,591 fr.	60
Façon de quatre tirants, le fer ren- trant en magasin.	200 fr.	»
Échafaudages divers.	300 fr.	»
	4,091 fr.	60

4,091 fr. 60, tel est le prix qu'ont coûté et l'enlevage de l'arche et la pose de la maçonnerie des parements!

Or, un échafaudage monté à 18 mètres pour l'assemblage d'une arche semblable reviendrait certainement à 22,000 francs;

. Et en supposant qu'après l'opération le bois de cet échafaudage valût encore 9,000 francs, il en résulterait une dépense réelle de 13,000 francs.

	13,000 fr.	»
	4,091 fr.	60
	8,908 fr.	40

Différence en faveur du procédé : 8,908 fr. 40.

Et qu'on le remarque bien, nous ne parlons pas de l'assemblage, qui, à cette hauteur, reviendrait plus cher.

Puis, si l'on n'agissait pas comme ici sur un terrain solide, peut-on exactement prévoir ce que coûterait un échafaudage de dimensions aussi grandes?

Avec ce procédé, peu importe la nature du sol. Le pont de Britannia n'a-t-il pas été élevé au-dessus d'un bras de mer?

Enfin, si nous avions eu à enlever notre arche à une hauteur double, soit 36 mètres, — tout l'attirail des tirants, des vérins, etc... eût été le même, — et nous n'aurions eu à subir qu'une augmentation proportionnelle du prix d'enlevage et de maçonnerie, qui est, nous venons de le dire, de 831 fr. 60.

Faut-il, en présence de cette simple augmentation proportionnelle, se demander quel serait le prix d'un échafaudage monté à 36 mètres et ce que coûterait l'assemblage de l'arche à cette hauteur?

En vérité, n'est-ce pas inutile?

M. Cabrol savait donc bien ce qu'il faisait en ayant recours au procédé qu'il avait vu employer par les ingénieurs anglais au grand pont tubulaire de Britannia.

Qu'il nous soit permis, en terminant, de dire un mot du Pont Rouge, ainsi désigné dans le pays parce qu'il est bâti en briques et grès rouge.

Ce viaduc, encore tête ligne du chemin de fer de Mondalazac, traversant la vallée de Salles-la-Source, à la porte même de Marcillac, fut également élevé en 1856.

Du style le plus classique, cette élégante construction, — antithèse si l'on veut du viaduc de l'Ady, — fait encore grand honneur à M. Cabrol.

M. Scudier en surveilla également l'exécution.

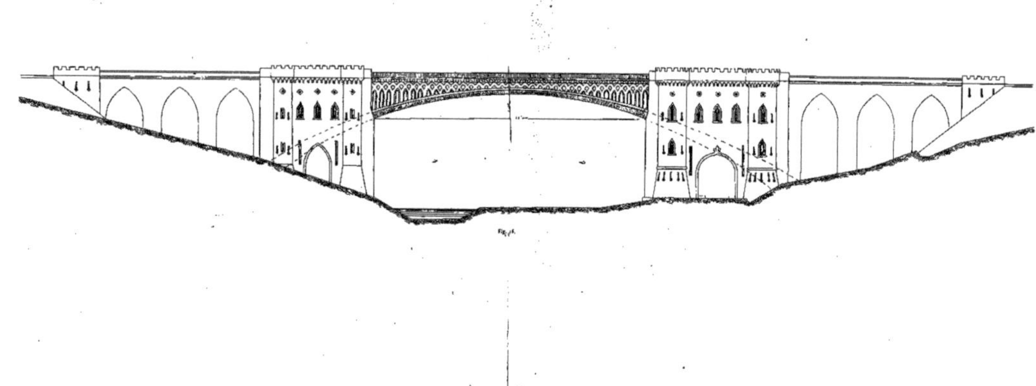